本书受上海市教育委员会、上海科普教育发展基金会资助出版

植物种子的传播

上海教育出版社
SHANGHAI EDUCATIONAL
PUBLISHING HOUSE

图书在版编目(CIP)数据

植物种子的传播 / 徐蕾主编. – 上海: 上海教育出
版社, 2016.12
（自然趣玩屋）
ISBN 978-7-5444-7348-4

Ⅰ.①植… Ⅱ.①徐… Ⅲ.①植物 – 青少年读物
Ⅳ.①Q94-49

中国版本图书馆CIP数据核字(2016)第287994号

责任编辑　芮东莉
　　　　　黄修远
美术编辑　肖祥德

植物种子的传播

徐　蕾　主编

出　　版	上海世纪出版股份有限公司	
	上　海　教　育　出　版　社	
	易文网 www.ewen.co	
地　　址	上海永福路123号	
邮　　编	200031	
发　　行	上海世纪出版股份有限公司发行中心	
印　　刷	苏州美柯乐制版印务有限责任公司	
开　　本	787×1092　1/16　印张 1	
版　　次	2016年12月第1版	
印　　次	2016年12月第1次印刷	
书　　号	ISBN 978-7-5444-7348-4/G·6057	
定　　价	15.00元	

(如发现质量问题，读者可向工厂调换)

目录

C O N T E N T S

种子传播秘诀

你试过在乡村野径采一朵蒲公英，轻轻吹口气，看"伞兵们"在清风的吹送下自由飞翔、奔赴远方吗？就像蒲公英一样，植物们为了繁衍生息、壮大种群，总是想方设法把种子散布到更远的地方去。在漫长的时间里，植物们演化出五花八门的种子传播秘诀：飞翔、漂流、喷射、搭便车……真可谓"八仙过海，各显神通"。你见过哪些植物的种子？它们有什么特别之处？是以什么方式传播的？让我们一起去探索一下吧！

植 物 种 子 的 传 播

种子是什么?

就像动物的胚胎一样，种子是种子植物（包括裸子植物和被子植物）特有的繁殖体，对延续后代起着重要作用。人类的生活也处处离不开种子。厨房里，粮（比如大米）、油（菜籽油、芝麻油、大豆油等）、调料（比如胡椒）、饮料（比如咖啡）都来源于种子；中医药里，清肝明目的决明子、止咳平喘的杏仁也都是种子；纺织物中的棉也来自种子。看，种子们简直无处不在!

种子在哪里?

● 尽管我们的生活中到处都有种子的身影，但它们却常常用厚厚的外衣把自己包裹得严严实实，不容易被发现。不妨先以桃子为例，看看种子到底藏在哪里!

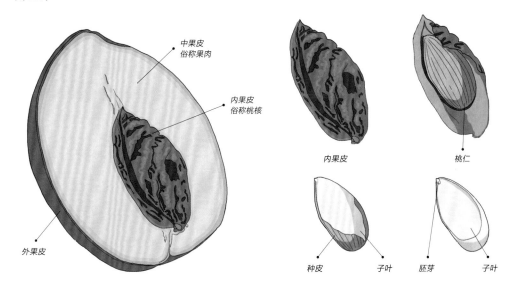

中果皮
俗称果肉

内果皮
俗称桃核

外果皮

内果皮

桃仁

种皮　　子叶

胚芽　　子叶

● 是不是很有趣？我们平时食用的桃肉竟然是中果皮，所谓的桃核也并非种子。其实呀，桃核那层坚硬的外壳是内果皮，里面的桃仁才是真正的种子。瞧，植物们把种子保护得够严实吧!

植 物 种 子 的 传 播

- 下面列出了一些常见的果实，用你的金睛火眼，找出那些爱捉迷藏的种子吧！

西瓜	苹果

豌豆	葵花籽
	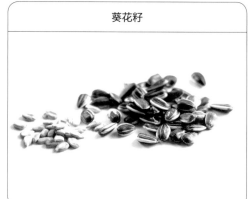

种子"睡着"了

- 你知道吗，种子中也有些"任性"的家伙。即使成熟了，在适宜的条件下也不急着发芽！它们需要经过一段时间的"休整"才萌发，种子的这一特性，专业说法叫"休眠"。休眠的种子新陈代谢十分缓慢，休眠期的长短也各不相同，有些植物种子休眠期可长达几周甚至几年。那么，种子为什么要休眠呢？其实，这是植物抵抗不良环境的一种生存策略，通过休眠能有效调节种子萌发的最佳时间和空间分布。例如，高温多雨地区的一些农作物的种子，就具有休眠的特性，这一特性可防止种子在未收割的植株上发芽；而一些沙漠植物的种子会以休眠的状态度过旱季，静静等待萌发的合适时机。

植物种子的传播

形形色色的种子

● 种子的形状、大小、颜色各不相同。下面给出了一些常见的种子 (有的种子藏在果皮里)，你能说出它们的名字吗? 尝试对它们进行分类，方法不止一种，一起来试试吧!

分类依据:	
类别1	类别2
类别3	类别4

分类依据:	
类别1	类别2
类别3	类别4

分类依据:	
类别1	类别2
类别3	类别4

想一想

种子的大小差异悬殊，这些形体上的特点具有什么样的意义?

植物种子的传播

种子的结构

● 尽管种子形态各异，它们却拥有相似的结构。一般来说，种子由种皮、胚、胚乳三部分构成。当然，也有些种子只含种皮和胚。种皮是"铠甲"，起着保护种子的作用。胚是最重要的部分，可以发育成植物的根、茎、叶。胚乳是汇集养料的地方，不同植物的胚乳中所含的养分各不相同。

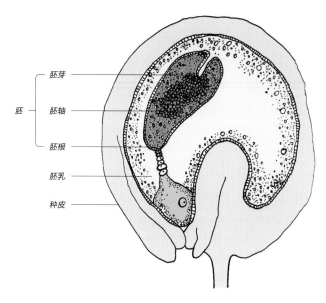

胚 { 胚芽
胚轴
胚根

胚乳

种皮

● 不够直观？那就自己动手解剖一颗蚕豆吧！把你看到的结构画下来，并根据上面的提示标出各部位的名称。

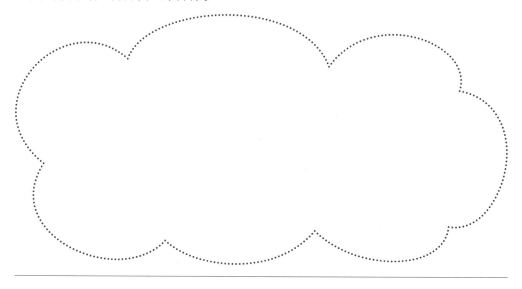

种子的旅行

小小种子，竟然蕴含了如此多的奥秘，真是太奇妙了！然而，这还只是种子世界的冰山一角，它们还有许多神奇之处。比如，种子比人类更早发明和使用滑翔机、直升机哦！难以置信，对吧？现在就出发，与种子们一起去开启神奇之旅！

我要飞得更高更远

● 你听过诸葛孔明巧借东风，火攻曹营的故事吗？可别以为此等计谋只有人类才能想得出来，其实植物界里也有一群"智多星"，它们的种子和果实与生俱来拥有"借东风"的技能。这类种子、果实要么细小质轻，能悬浮在空气中，被风力吹送到远方；要么拥有良好的"飞行装备"，随风远行。仔细观察下面的种子和果实，你能找到它们的"飞行装备"吗？

▼ 蒲公英瘦果

▲ 棉花果实　　　　　　　　　　　　　　　　　　▲ 槭树果实

● 不难发现，棉花的种子外裹有绒毛（棉絮），蒲公英的瘦果上有降落伞状冠毛，槭树的果皮边缘铺展成翅状，你都找对了吗？此外，其他一些植物的种子或果实，比如白头翁果实上的羽状柱头、酸浆果实外包被的薄膜状气囊，也都是适于风力吹送的结构哦！

植 物 种 子 的 传 播

● 也想拥有一枚"长翅膀"的种子？这个好办，你可以参照下面的图示，自制一枚"纸种子"。当然，你也可以发挥想象力，自己设计制作一枚会飞的种子。比比看，哪枚"种子"飞得最高。

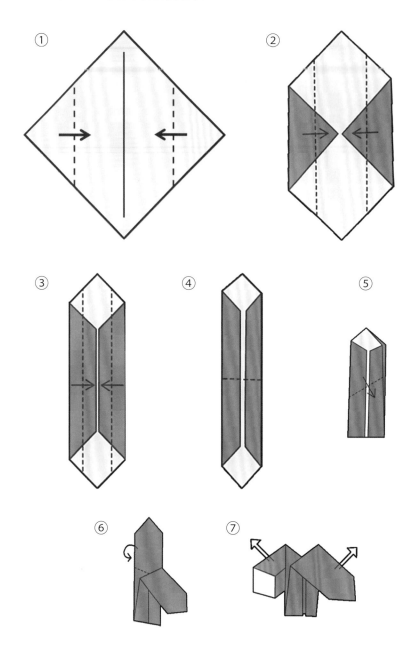

▲ 纸种子折法示意图

植 物 种 子 的 传 播

走，跟我漂流去！

● 并非所有的种子都会选择空中航线，乘一叶扁舟顺流而下也别有一番情趣。生长在水里和沼泽地的植物们就对水中旅行情有独钟。在海岸沼泽区生长的红树，种子离开母体前就已经发芽，长成棒状幼苗，随后落入水中，漂流一段时间后再扎根定居。在海边沙地上生长的椰子，种子也是靠海洋散布的。椰果的中果皮富含疏松的纤维，适应在水中飘浮；内果皮极坚极厚，可防止海水侵蚀；果实内还含有大量的椰汁供给胚的发育，这些得天独厚的优势就是椰果能在咸水环境下萌芽的秘诀。

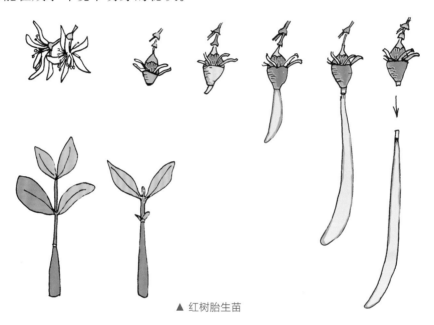

▲ 红树胎生苗

想一想

让我们再来观察一下莲蓬，它的形状是 _____。

把莲蓬置于水中，发现它会 _____（沉下去/浮起来）。

咦？为什么会这样？让我们剖开莲蓬看看它的内部构造吧！

原来莲蓬里面是 _____；

再加上莲蓬的生存环境是在 _____（水中/陆地）；

由此可以推断出莲的种子是依靠 _____ 方式传播的。

搭个便车去远行

● 去郊游的时候有没有遇到过爱"搭便车"的家伙？它们表面生有刺毛、倒钩，或分泌黏液，牢牢粘附住衣裤鞋袜上，甩都甩不掉。这些调皮的家伙到底是谁？没错，它们就是苍耳、鬼针草……一群喜欢跟随动物、人类去远行的种子！

▲ 苍耳

▲ 鬼针草

● 松鼠、蚂蚁等动物最爱搬运、贮存果实和种子，种子中的一部分被吃掉了，但剩下的就在原地萌发。还有一些鸟兽爱吃果肉，果实被吞食后，种子由于有坚硬的铠甲保护，就可以毫发无损地被动物排出体外。散落在各处的种子们，待时机成熟便会萌发。当然，只有当种子成熟时，果实才会向动物发出邀请，这时，果实的色、香、味均发生了改变。瞧，植物为了把后代传播到远方，真是煞费苦心！

▲ 松鼠取食坚果

▲ 鸟类取食浆果

植 物 种 子 的 传 播

我的旅行我做主

● 如果你以为种子必须凭借外力才能完成旅行，那就大错特错了，因为也有许多种子是依靠自己的力量进行传播的！比如裂果，果皮成熟后又干又硬，果皮收缩产生扭裂现象，借此把种子弹出，散播到远处。在农村，黄豆、油菜必须在八成熟时就抓紧收获，否则干燥后果皮开裂，它们就会把种子撒播到田间。更有一种神奇的植物叫"喷瓜"，成熟时果实内积聚了极大的压力，可将种子和内部浆液喷出，把种子传播到远方。还有些果实自备"推进器"，以便将种子插入土中。比如，野燕麦的芒能随昼夜干湿度的变化做往复旋转运动，从而将颖果连同种子推入土里。

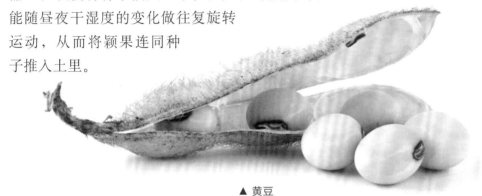

▲ 黄豆

▲ 喷瓜

自然探索坊

挑战指数： ★ ★ ★ ☆ ☆
探索主题： 种子的传播方式
你要具备： 基础植物知识、观察能力
新技能获得： 创造力、动手能力

种子大比拼

● 读到这里，想必你对植物种子的传播方式已经有了一定的了解。你能通过图片中的果实形态判断出种子的传播方式吗？请把植物名称填入相应的方框里。

椰子　　　　　　　酸浆　　　　　　　曼陀罗

樱桃　　　　　　　黄豆　　　　　　　芦苇

风力传播	水力传播	自体传播	动物传播

植 物 种 子 的 传 播

神奇贺卡

● 一张节日问候卡，寄托着多少温暖情谊。要是卡内藏着一群小生命，它们会慢慢长成嫩苗，那是不是更有新意呢？来，参照如下步骤，发挥想象力，制作一张属于你的个性卡片！收到"种子卡片"的人，只需将它放在盛水的浅盆里，过段时间就能收获友谊的绿苗了！

①

将纸片撕碎，用水浸泡软化，再用榨汁机将其打碎成纸浆。

②

在碎纸浆中混入种子，例如薰衣草的种子。

③

将纸浆与种子的混合物浇筑成想要的形状，慢慢晾干。

④

给"种子卡片"加点装饰，完成作品。

◆ **提示**：制作纸浆的纸片需具备高品质纤维，勿使用报纸、卫生纸等薄而脆的纸张。

种子拼贴画

● 在我们身边，种子随处可见，不妨来一次"种子大搜罗"吧！挑选你喜欢的种子，准备一张漂亮的卡纸，再加上一支白乳胶和一点点创意，炫酷又环保的种子拼贴画就在你手中诞生了！还可以拍照上传至上海自然博物馆官网或微信"兴趣小组—自然趣玩屋"，和小伙伴们一起分享交流！

◆ **提示**：可以选取颜色、大小、形状各异的种子，而且不必局限于粮食种子哦！

植 物 种 子 的 传 播

奇思妙想屋

● 想不想拥有一个奇异种子百宝箱？去野外探险时要注意收集掉落在地上的种子，日常食用的水果、蔬菜种子也非常值得收集。别忘了记录采集的时间和地点，并标注上种子的传播方式。不认得采集的是什么植物的种子？没关系，把种子拍照上传到上海自然博物馆官网或微信"兴趣小组—自然趣玩屋"，找科学家帮你鉴定吧！

植 物 种 子 的 传 播